L'ENQUÊTE AGRICOLE

ET LES

PROPRIÉTAIRES FONCIERS

RÉPONSE

A M. le Vicomte DE FALLOUX

PAR

M. Paul DE LÉOBARDY

Ancien élève de l'École Polytechnique, Membre de la Société d'économie politique et de la Société d'Agriculture de la Creuse.

Suivie d'une Lettre à l'Auteur

Par M. le Baron DE JOUVENEL,

Ancien Député.

Quos vult perdere Jupiter, dementat.

Prix : Deux francs.

PARIS

LIBRAIRIE CENTRALE

24, BOULEVARD DES ITATIENS

1866

L'ENQUÊTE AGRICOLE

ET LES

PROPRIÉTAIRES FONCIERS

Réponse à M. le Vicomte de Falloux.

MONSIEUR,

Nous voulons tous la prospérité de l'agriculture nationale ; mais parmi les propriétaires fonciers français, les uns, comme vous, pensent que le libre échange est fâcheux dans ses rapports actuels avec la production agricole, et les autres, comme moi, sont convaincus, au contraire, qu'il est excellent.

Apportant aux premiers, déjà les plus nombreux et les plus influents, je ne fais pas difficulté de le reconnaître, l'appoint de votre autorité, vous venez de prendre en main leur cause dans le dernier numéro du *Correspondant*.

Je voudrais, dans cette brochure, me constituer l'avocat des seconds ; je n'ai pas besoin de vous dire que si je n'y étais sollicité par ce que je crois être le véritable intérêt de la grande propriété en France, je me serais avec plaisir affranchi d'une tâche déjà lourde par le nombre et la qualité de mes adversaires, et que me rend bien plus difficile encore aujourd'hui le talent de leur défenseur.

J'ai donc lu avec toute l'attention qu'il mérite, tant à cause de l'importance de son sujet qu'à cause de l'autorité de son auteur, l'article que vous venez de publier dans le *Correspondant* du 25 novembre au sujet de l'enquête agricole ; et je vous demande la permission de vous exposer avec une entière franchise la dissidence radicale dans laquelle je me trouve à regret avec vous sur certains points, à côté de l'adhésion complète que j'accorde avec plaisir à tous les autres.

En comparant votre article à ce champ du bon père de famille dont l'Eglise offrait il y a quelques semaines l'admirable parabole à nos pieuses méditations, je voudrais essayer d'en extirper quelques pieds d'ivraie que vous me semblez y avoir volontairement laissés croître à côté des tiges nombreuses du bon grain qu'il contient.

Je n'ai pas besoin de vous dire que le sarclage que j'entreprends ne peut avoir rien de commun avec celui qu'a cru devoir y exercer déjà l'impitoyable *houe* de votre imprimeur. Je ne sais si ces coupures préventives ont été de la part de cet industriel le résultat d'une panique exagérée ou au contraire l'inspiration d'une prudence éclairée par l'*avertissement*.

Tranquillas etiam naufragus horret aquas.

Mais, quoi qu'il en soit, si n'était le premier sentiment de tristesse indignée qui fait monter la rougeur au front en voyant où nous en sommes encore en fait de liberté de presse, après un siècle bientôt écoulé de révolutions successives, je ne pourrais que m'en réjouir pour vos lecteurs : grâce à cette mutilation préventive, en effet, leur esprit éprouvera le plaisir qu'on ressent toujours à deviner un secret qui n'exige pas trop d'efforts, et leur cœur, cette jouissance que procure le pansement d'une blessure qui n'inspire pas trop d'inquiétude.

En me plaçant au point de vue de l'intérêt général, ma réponse à votre article aura un quadruple but :

1° Adhérer ce que j'y trouve de bon.

2° Critiquer ce qui m'y paraît mauvais ou défectueux.

3° Indiquer, pour mon propre compte, certaines réponses qu'on aurait pu faire à l'enquête.

4° Enfin, adresser à la grande propriété foncière certains conseils que je crois utiles, à l'occasion du rôle qui lui incombe naturellement dans cette enquête.

Ceci dit, mes intentions ainsi bien définies, j'entre en matière sans plus de préambule, en traitant chaque chose dans l'ordre même que je viens d'indiquer.

I

L'ADHÉSION.

Je vous loue d'avoir signalé avec beaucoup de raison et d'à-propos, ce vice de tempérament qui rend le gouvernement réfractaire à toute tentative de représentation sérieuse pour l'agriculture.

Je vous loue d'avoir signalé le danger que fait courir à l'agriculture cette ardeur irréfléchie avec laquelle l'Etat sacrifie à des travaux exagérés et improductifs dans les villes tant de millions auxquels il serait si facile de trouver un emploi fructueux dans nos campagnes.

Je vous loue tout particulièrement de la façon saisissante et charmante avec laquelle vous faites toucher du doigt ce danger au lecteur, à l'aide de l'écluse et de la sous-préfecture de Segré.

Je partage sans réserve toutes les craintes que vous fait éprouver pour l'avenir l'usage du suffrage universel influencé par la démoralisation progressive du cabaret ; et je l'approuve d'autant plus que, pour mon propre compte, je ne puis voir aller le gouvernement au plébiscite, sans que ma pensée ne se reporte involontairement sur ces audacieux dompteurs qui, après avoir fait pendant quelque temps l'admiration et l'effroi de nos cirques, finissent toujours par mourir victimes de leur imprudence. Dieu veuille que ce soit là de ma part une terreur chimérique que ne doit pas justifier l'avenir. Je souhaite de tout mon cœur que l'Angleterre soit mise à même de faire au plus tôt l'expérience du suffrage universel comme elle en manifeste le désir dans ses gigantesques *meetings* dont le spectacle imposant tient aujourd'hui en suspens l'attention de l'Europe. Ce désir, qui n'est éveillé en moi que par le sentiment naturel de l'influence que cet événement doit exercer sur l'avenir de la politique dans le monde, le serait à coup sûr par la pensée moins honorable du danger qu'il fera courir à notre rivale, si ma qualité de libre échangiste ne me garantissait de *l'anglophobie*, encore si commune en France.

Puisque l'*anglophobie* vient de se rencontrer sous ma plume, permettez-moi, quoique son adversaire, de déplorer le malheur qu'elle vient d'éprouver par la perte de son plus illustre représentant, le spirituel marquis de Boissy. Qui donc en effet en France, où l'esprit court les rues, si je n'en excepte peut-être

M. Troplong, échappé au danger d'une congestion de bile, ou quelque autre sénateur mal conformé du côté de la rate; qui donc, dis-je, en France pourrait, sans l'ingratitude la plus noire, refuser ses regrets à ce *Triboulet* charmant, ce *clown* grand seigneur, dont la *gauloiserie* emporte avec elle dans la tombe le difficile secret d'égayer de temps en temps les séances monotones, pour me servir d'une expression parlementaire, du Sénat, dont il faisait partie.

Je partage vos regrets pour l'accroissement de conscription, dont la nouvelle grandeur de la Prusse, si imprudemment subie par le gouvernement, est devenue l'inévitable occasion.

Je partage vos regrets au sujet du manifeste récent de notre ministre des affaires étrangères, et je les partage d'autant plus, que s'il ne m'était pas venu à l'idée de comparer son langage à celui du Gascon comme vous le faites, j'avais eu souvent la pensée d'en faire le pendant de celui du renard de la fable, et de trouver dans l'abandon par notre diplomatie, de certaines provinces qu'arrose le Rhin, une frappante analogie avec celui qu'inspira jadis au rusé quadrupède la vue des raisins vraiment trop verts, tout au plus bons pour des goujats.

Je partage vos regrets pour cet isolement auquel, par une inconcevable fatalité, nous nous trouvons de plus en plus condamnés, malgré toute la valeur de nos soldats et tout l'éclat de nos triomphes.

Je partage vos regrets pour tant de noble sang et de millions précieux, versés par nos campagnes, pour aller se perdre à la conquête du Mexique, entreprise malheureuse qui vient de léguer à la jeune et noble princesse qui avait eu l'audacieuse imprudence de s'y vouer, au lieu de l'éclat d'un trône glorieux qu'elle promettait, l'affreux stigmate de la folie, seul et triste apanage dont elle ait pu disposer.

Je partage enfin vos alarmes pour les dangers du vénérable Pontife, que vous avez le mérite de rendre plus saisissants encore, quoiqu'ils eussent été bien souvent signalés par des bouches autorisées pleines d'éloquence.

II

LA DISSIDENCE.

Vous le voyez, Monsieur, je partage complètement la pensée que vous avez eue d'appliquer à l'agriculture la parole restée célèbre que le baron Louis appliqua jadis aux finances : mais, c'est parce que je pense qu'entre toutes les mesures par lesquelles il peut être donné à une bonne politique d'être un acheminement vers une bonne agriculture, la liberté commerciale que vous immolez sans pitié, tout en la couronnant de fleurs, me semble tenir le premier rang, qu'apparaît entre nous la dissidence sur laquelle je vais m'expliquer, en réfutant les unes après les autres les objections sur lesquelles se fondent les attaques contre l'influence du libre échange appliqué à la production agricole, que je trouve dans les alinéas suivants de votre article.

II

. . . .

Mais nous demandons que toutes les mesures soient prises, que toute la législation soit combinée en vue de la prospérité et pour faire de cette prospérité un état régulier, normal et croissant : est-ce là notre situation? Je ne le pense pas. En même temps que l'on décrétait le libre échange, on devait savoir et l'on savait que l'on plaçait l'agriculture brusquement en face d'une concurrence redoutable. Puisqu'on l'appelait au combat, il fallait lui donner des armes égales à celles de ses concurrents. Les orateurs officiels et les écrivains officieux parlent souvent, même à propos de l'agriculture, de la vaillance française et prétendent qu'on fait injure à la nation quand on doute de sa supériorité, partout où elle se présente. Cela est vrai, mais dans une certaine mesure que le bon sens indique aisément, et que l'on ne peut oublier sans courir de grands risques. Fait-on injure à l'armée française quand on modèle ses instruments de combat sur ceux de l'étranger, et qu'on épie soigneusement tous les perfectionnements adoptés par l'ennemi possible, afin d'en armer à la même heure et au même degré le fantassin, le cavalier ou l'artilleur français. En agriculture l'arme du combat, c'est la production abondante et à bon marché. Le libre échange devait donc se manifester au pays, escorté d'un certain nombre de mesures qui s'offrent d'elles-mêmes à la pensée : diminution des charges qui pèsent sur le sol, facilité de la main-d'œuvre, développement des moyens de circulation. Qu'a-t-on fait dans cette voie, soit avant, soit après la promulgation du libre échange? Rien ou trop peu. C'est là, qu'on en soit bien convaincu, ce qui a créé contre le libre échange tant d'hostilités. On a imputé à la liberté du commerce, pensée généreuse, séduisante, des torts qui ne lui appartiennent pas en propre et que des amis plus attentifs auraient pu lui épargner. Passons donc en revue les précautions qu'on aurait dû prendre et qu'on n'a pas prises, en nous renfermant soigneusement dans la sphère où la Providence ne soit pour rien, et le gouvernement des hommes pour tout. . . . .

III

La propriété foncière, c'est-à-dire l'agriculture, porte à elle seule presque tout le poids des impôts. J'en emprunte le tableau à l'*Opinian nationale*. Elle paye. . . . .

1° Les impôts de l'État; 2° les impôts départementaux, qui dépassent souvent 1/4 de ceux de l'État; 3° les impôts communaux, qui équivalent au 1/4; 4° les prestations, qui sont de 1/5. L'enregistrement des baux, le tarif exorbitant des officiers publics, l'entretien des chemins vicinaux, les octrois; car c'est l'agriculture qui paye l'entrée des bestiaux dans les villes, etc., etc. . . . .

. . . .

Je souhaiterais que les agriculteurs tinssent, proportions gardées, un langage analogue. Le libre échange, diraient-ils, résulte désormais de traités internationaux; il est un fait accompli et légal. Vous avez raison de nous préparer et de nous conduire à l'acceptation de la plus sage concurrence; c'est là le progrès légitime et naturel du temps. On a d'abord détruit les entraves de province à province; on a multiplié ensuite les rapports de royaume à royaume. La vapeur a été utilisée; les chemins de fer en sont nés. Aujourd'hui les cinq parties du monde se visitent et s'exploitent plus rapidement et plus facilement que ne se visitaient et ne s'exploitaient il y a cent ans, les contrées les plus rapprochées. Vous ne pouvez donc trop nous avertir, vous nos guides et nos maîtres, vous ne pouvez trop nous stimuler dans cette voie; mais vous avez tort, quand en nous annonçant et nous imposant toutes les libertés commerciales, vous maintenez et souvent vous aggravez toutes les charges fiscales. Que le blé français lutte sur le marché européen avec celui des États-Unis et d'Odessa, soit; nous nous chargeons de la lutte pour ce qui regarde la qualité du blé; mais vous, hommes du pouvoir, informez-vous de ce que coûte sa production en Russie et en Amérique, et ne nous demandez, par les charges publiques, que ce qui nous permettra de produire au même taux. Ainsi, votre système admis, ce que nous vous reprochons, c'est la façon incomplète et injuste dont vous le pratiquez. La liberté, la concurrence, nous l'acceptons parfaitement, mais avec l'économie dans les finances et l'allégement dans les impôts.

VII

. . . .

Un argument spécieux des libres échangistes est celui-ci : peut-être les intérêts privés éprouveront-ils un malaise passager; qu'ils le supportent et qu'ils se consolent en voyant bientôt le bon marché général; vin, viande, fer, pain, drap, etc. Je me borne à constater que la baisse de prix annoncée n'a pas été réalisée. Je remarque que la liberté de la boucherie et de la boulangerie n'a pas profité au consommateur ; le paysan perd sans que le citadin gagne.

Si le libre échange a voulu sciemment pousser la France à l'abandon de la culture du blé, il est capable de compromettre l'avenir de la France, qui n'est point un peuple maritime comme l'Angleterre. Le vrai sol de l'Angleterre, c'est sa flotte. La France se met volontairement à la merci de la première guerre maritime, combinée avec une disette, etc. etc. . . . .

VIII

Au jugement des hommes les plus experts dans cette matière, le remède serait dans un droit transitoire et modéré, qui donnerait au gouvernement le temps d'étudier les économies les plus opportunes, et de procéder à la diminution des charges les plus onéreuses. Le bas prix des céréales sera un bienfait quand il résultera d'une baisse équivalente dans les frais de production. C'est à cette condition que l'intérêt de la ville et celui de la campagne seront satisfaits en même temps.

Le remède est dans une politique étrangère, mieux conduite, etc., etc.
. . . .

Tels sont les alinéas qui seront l'objet de mon examen, et dans lesquels le lecteur sera toujours à même de comparer l'objection à la réponse. Mais comme, avant de pouvoir discuter l'influence du libre échange sur la production agricole avec chance d'aboutir, il est évidemment nécessaire de nous mettre d'accord sur ce qu'il faut entendre par ce mot *production agricole*, vous me permettrez, avant d'entrer dans la réfutation détaillée dont je viens de parler, de porter le débat sur ce point.

Les premières lignes de votre troisième alinéa me font d'ailleurs sentir le besoin spécial de cette discussion préalable entre nous, car elles contiennent une double hérésie économique de premier ordre, dont la réfutation me fournira implicitement celle de la plupart de vos objections.

En effet, en disant comme vous le faites « *la propriété fon-*

« *cière, c'est-à-dire l'agriculture, porte à elle seule tout le poids* « *des impôts*, etc., etc.», vous identifiez l'agriculture à la propriété foncière, choses pourtant bien différentes, et l'énumération des charges de cette agriculture, que vous empruntez à l'*Opinion Nationale*, prouve, sans nul doute aussi, que vous pensez que l'impôt foncier a une influence capitale sur le prix de cette production, ce qui est encore une erreur manifeste.

Que faut-il entendre par ce mot : *Production agricole?*

(Alinéa III.)

Dans un pays civilisé, dont le sol est complètement approprié comme le nôtre, l'analyse du phénomène de la production agricole nous fait découvrir de suite l'action distincte de trois agents bien différents.

L'*ouvrier*, qui fournit son travail musculaire moyennant *salaire;*

Le *fermier*, qui apporte son travail intellectuel et son capital moyennant *profit;*

Le *propriétaire*, qui cède au fermier le droit de cultiver son champ moyennant *rente.*

Or, s'il est absurde, dans un pays dont le sol est complètement approprié comme le nôtre, de chercher à classer par importance chacun de ces trois agents nécessairement égaux en cela, puisqu'ils sont indispensables, il est très-raisonnable et très-nécessaire, au contraire, de remarquer que les rémunérations de ces trois agents, quoique indispensables, sont néanmoins soumises à des variations dont la loi est bien différente, à cause de la différence même du rôle qui leur incombe.

En effet, pendant que le salaire de l'ouvrier et le profit du fermier sont des équivalents de travail, je m'aperçois que la rente n'est que l'équivalent d'un droit qui résulte lui-même d'un *monopole* créé par la limitation du sol ; en sorte que, pendant que l'ouvrier gagne son salaire et le fermier son profit, en y appliquant chacun son travail et sa vie, le propriétaire, au contraire, acquiert en touchant sa rente, la faculté de vivre sans travailler, ou s'il travaille, de cumuler avec elle le salaire ou le profit qui lui est dû (1).

D'où cette conséquence importante, et qui va devenir capitale dans la question, que tandis qu'il est nécessaire pour qu'elle persiste, qu'une production nationale, agricole soit toujours en mesure de solder intégralement aux ouvriers et aux fermiers leurs salaires et leurs profits réduits au minimum par la concurrence, seuls moyens qu'ils aient de gagner leur vie, rien n'est plus facile, au contraire, que de concevoir

(1) Si je n'avais craint de me jeter dans trop de développements, c'eût été le cas d'examiner ici la différence qui existe entre la *rente* du sol limité et approprié, et à cause de cela, protégé par le monopole comme je l'ai dit, et la *rente* du capital mobilier privé de cette protection.

C'eût été le cas ici de faire remarquer que, pendant que sur le sol français, c'est-à-dire, le capital foncier ressemblant aujourd'hui à un damier ne pouvant s'agrandir, et divisé en un certain nombre de cases toutes occupées, sur lequel il est impossible à un propriétaire nouveau d'entrer sans en faire sortir un autre; dans le capital mobilier, au contraire, de sa nature illimité, sous l'action de l'activité humaine, et sans appropriation possible, quelles que soient les places occupées par les anciens capitalistes, il n'en reste pas moins toujours d'autres à prendre par des capitalistes nouveaux faisant concurrence aux premiers ; d'où il résulte que tandis que sous l'action de cette concurrence, la *rente* du capital mobilier va toujours s'abaissant, à mesure que s'élève la fortune publique, la *rente* du sol au contraire ne

une production agricole persistante dans l'avenir sans pouvoir faire face à une rente aussi élevée que dans le passé, puisque cette baisse de la rente ne fait courir aucun danger à l'existence du propriétaire qui, au pis aller, en redevenant son propre fermier, conserve toujours la faculté de vivre en travaillant.

Tant que le propriétaire foncier, grâce à l'appropriation du sol limité, dont il a le monopole, et à l'élévation du prix des denrées agricoles qui en est la conséquence, élévation dont il n'est pas la cause, mais dont il profite, tant que le propriétaire foncier, dis-je, pourra faire dans son revenu deux parts :

L'une afférente à son travail, et qui se nomme *profit;*

L'autre répondant à son monopole, et qui se nomme *rente;*

Et tant que chacune de ces deux parts sera assez grande, la première pour lui faire trouver un fermier qui l'exonère de son travail en la recevant en échange; et la seconde, pour que lui, propriétaire, ait intérêt à s'en contenter, soit pour vivre sans travailler, soit pour se livrer à un autre travail plus attrayant pour lui que celui des champs;

Tant, dis-je, qu'il en sera ainsi, le propriétaire foncier s'é-

cesse de croître; — de sorte que s'il y a 40 ans, en 1826, par exemple, deux capitaux de 100,000 fr. chacun avaient été placés, le premier sur le grand livre de la dette publique en 5 0/0 au pair et donnant par conséquent 5,000 fr, de rente, et le second, sur le sol en une propriété à 3 0/0 donnant 3,000 fr.. de rente; aujourd'hui, tandis que le premier, après avoir subi par le fait de la baisse du taux de l'intérêt, les coupures successives de MM. de Villèle, Bineau et Fould, ministres des finances, rapporterait à peine 3,500 fr., le second au contraire, si l'on admet, ce qui est certain et ce que l'enquête a déjà mis en évidence, que la rente du sol a au moins doublé et souvent triplé, rapporterait de 6 à 9,000 francs; si je n'avais craint, dis-je, que cela ne m'eût fait dépasser les bornes imposées à cette brochure, j'aurais pu à cet égard me livrer à un examen plein d'intérêt, mais je me contente de dire en passant pourquoi je qualifie de *monopole* la *rente foncière*, afin que le lecteur peu familier à ces matières ne s'en effarouche pas.

tant complètement déchargé sur son fermier, sous la réserve de sa rente, de toute espèce de soins afférents à la production de sa terre, a perdu par cela même toute influence pratique sur cette production dont il ne reste plus que comme l'agent *moral*, je dirais presque *philosophique;* c'est-à-dire comme le représentant du droit de propriété.

Mais ce droit de propriété, s'il faut le respecter avec le plus grand soin, parce que, tout monopole qu'il est, il représente néanmoins un élément nécessaire à la persistance de la production agricole dans un pays civilisé; ce n'est pas avec un soin moins scrupuleux qu'il faut se garder aussi d'en exagérer les faveurs.

C'est assez qu'il jouisse des avantages inhérents à la limitation du globe, qui est d'ordre providentiel et divin, sans y ajouter ceux d'une autre limitation artificielle et inique dont la politique a réussi si longtemps dans le passé et persiste encore un peu dans le présent à le doter à l'aide de la protection douanière.

Je pourrais, Monsieur, faire ressortir encore par beaucoup d'autres raisons cette différence essentielle dans le rôle des divers agents de la production, mais j'y renonce sans hésiter, car, toutes sommaires qu'elles soient, surtout avec un contradicteur tel que vous, celles que je viens de développer me paraissent complètement suffisantes, puisqu'elles me donnent le droit de formuler la conclusion suivante :

Si le libre échange peut faire baisser chez un peuple le prix normal de certains produits agricoles, cette baisse se répercutera pour s'y fixer, après avoir atteint en passant le fermier engagé par un long bail, sur la portion de ce prix représentative de rente foncière, et pour qu'elle pût atteindre d'une façon durable le profit du fermier ou le salaire de l'ouvrier, c'est-à-dire les véritables sources de la production agricole nationale, il faudrait qu'elle eût complètement annihilé dans le prix de cette production la partie destinée à la rente; donc, tant que le prix de nos produits agricoles, quoique abaissé par la concurrence des produits similaires étrangers, restera néanmoins assez élevé pour qu'il contienne encore une part pour cette rente, l'importation de ces produits ne pourra avoir que deux résultats sur leurs similaires indigènes :

1° Les forcer à baisser de prix;

2° Les suppléer quand ils seront en déficit sur le marché, mais pas le moins du monde, les empêcher de croître et de se produire sur le sol national.

En d'autres termes, tant qu'il existera de la rente foncière dans une production agricole chez un peuple, on peut tenir pour certain que le libre échange, déduction faite de l'exportation sur l'importation, ne pourra introduire chez ce peuple que la quantité nécessaire pour combler le déficit de cette production, s'il existe, sans avoir eu sur ce déficit la moindre influence fâcheuse. Ce qui me conduit nécessairement à examiner la question suivante pour savoir, oui ou non, si le libre échange peut atteindre la production du blé en France.

La culture du blé en France, à son prix actuel abaissé par le libre échange, laisse-t-elle encore à la rente foncière une part assez grande pour qu'on puisse être raisonnablement certain que le libre échange ne peut en restreindre la production ?

A cette question qui pourrait hésiter un instant à répondre affirmativement !

En effet, il ya un fait qui me dispense de toute recherche statistique pour reconnaître quel est dans le prix du blé, en France, la part afférente à la rente; et ce fait, monsieur, vous le connaissez tout aussi bien que moi, c'est le rôle important que joue dans notre production agricole le colonage partiaire, système de culture qui, dans le plus grand nombre de cas, porte avec évidence cette part de la rente au taux élevé de 50 p. 0/0, c'est-à-dire de la moitié même de la production brute créée par le métayer. Je n'ignore pas que le propriétaire fournissant dans ce système les avances des instruments et du cheptel, il y aurait, de ce chef, une défalcation à faire; mais, quelle qu'elle soit, cette défalcation ne peut pas empêcher que la rente ne reste encore assez élevée pour servir de *palladium* efficace contre toute atteinte du libre échange sur la production du blé français.

Comme les pays à colonage passent, non sans raison, pour occuper le dernier rang dans la production du blé, il est évident que dans ceux plus riches où règne le fermage, la rente aura la même force de protection que nous venons de signaler.

Mais, puisque je me trouve sur le terrain des faits, je ne veux pas le quitter sans interroger ceux qui résultent aujourd'hui de l'expérience, depuis que le libre échange est enfin passé, en Angleterre, du cerveau de Smith, des harangues de Cobden aux mains de Robert Peel, et en France, des leçons de Jean-Baptiste Say, de MM. Michel Chevalier et Baudrillart, et de la polémique de Bastiat aux mains de M. Rouher ; en d'autres termes, depuis qu'il a passé de la théorie à la pratique.

Pourquoi, en effet, n'interrogerais-je pas la pratique, toujours mieux écoutée que la théorie : pauvre théorie dont la voix, en toutes choses, est condamnée, hélas! à retentir si longtemps en vain avant d'ébranler le tympan de l'humanité : semblable en cela à la lumière des étoiles qui peuplent les derniers horizons du firmament ; lumière à laquelle il faut des siècles pour franchir l'espace immense qui la sépare de nous avant qu'elle puisse porter à nos nuits sombres le précieux tribut de sa clarté.

Quels ont donc été, au point de vue qui nous occupe, les résultats du libre échange en Angleterre ?

Certes, si le déplacement de la production nationale d'un blé indigène par la concurrence d'un blé étranger pouvait avoir lieu par le libre échange, nul pays plus que l'Angleterre n'offrait des chances favorables à cette invasion. La condition normale du marché anglais, en effet, étant, par l'insuffisance organique de la production du blé national, de rester un débouché toujours ouvert au blé étranger, il est évident que, si entre tous les peuples des deux continents auxquels l'Angleterre demande cette denrée, il en existait, un ou plusieurs réunis, assez favorisés pour pouvoir se charger de cette fourniture à un prix plus bas que celui nécessaire pour que l'ouvrier et le fermier anglais pussent continuer à cultiver leurs fermes, nul doute qu'elle n'eût été déjà entreprise et qu'elle n'eût amené l'invasion dont nous venons de parler.

Mais, si au lieu de cela, l'expérience démontre victorieusement aujourd'hui que, malgré la baisse de prix qu'il a subie, baisse qui a porté tout entière sur la rente des *landlords*, la production du blé anglais, depuis cette réforme, n'a pas cessé de tenir le même rang qu'elle occupait avant dans la culture anglaise, n'y a-t-il pas là, je vous le demande, monsieur, la confirmation éclatante des lois de la théorie que je viens de formuler, et n'y a-t-il pas là aussi le motif péremptoire d'une sécurité complète quant au résultat final que le libre échange peut produire sur la culture du blé en France.

Donc, au nom de la théorie et de la pratique :

Arrière tous ces prétendus bouleversements dans la production agricole dont la propriété foncière accuse le libre échange de pouvoir devenir la cause.

Arrière tous ces tableaux déchirants dans lesquels les partisans de votre doctrine voudraient nous le représenter comme devant condamner au chômage nos belles et florissantes classes agricoles après avoir condamné à la jachère nos riches vallées et nos fertiles plaines.

Après avoir ainsi déterminé quelle devait être l'influence finale et définitive des variations du prix du blé causées par le libre échange ; après avoir éliminé du débat les ouvriers et les fermiers auxquels elle ne peut faire courir qu'un danger passager; après avoir démontré que si le libre échange faisait diminuer définitivement le prix du blé en France, les propriétaires fonciers *seuls* souffriraient de cette baisse, tout comme aussi, si le libre échange aboutissait finalement à une hausse de cette denrée, les mêmes propriétaires *seuls* en profiteraient définitivement, il reste à savoir si le libre échange, considéré dans un certain laps de temps, c'est-à-dire dans une moyenne de plusieurs années, doit déterminer une hausse ou une baisse dans le prix du blé? — A cette question, qui se trouve nécessairement posée, je n'hésite pas à répondre : une hausse. Oui, une hausse, parce qu'il me semble que le sol de la France se trouvant, d'une part, le plus rapproché du marché anglais, et, de l'autre, ayant dans son étendue et sa fertilité toutes les conditions nécessaires pour augmenter sa production en blé, il en résultera nécessairement qu'avant longtemps cette production, après avoir dépassé d'une façon normale les besoins du pays, ira de plus en plus grandissant en vue de l'exportation, et, sans être sorcier, on peut prédire que si le libre échange persiste entre les deux peuples, un siècle ne se passera pas sans que la France ne devienne le grenier de l'Angleterre.

Je pourrais appuyer cette prédiction sur des considérations théoriques; mais, ne voulant pas faire dégénérer cette brochure en un livre, j'y renonce. Je fais plus, j'admets que le résultat final du libre échange est la baisse du prix du blé et, par conséquent, un dommage pouvant inspirer aux propriétaires fonciers, mais aux propriétaires fonciers *seuls*, des plaintes fondées, qu'il me reste maintenant à examiner au point de vue de l'intérêt général.

Voici dans toute sa force le raisonnement à l'aide duquel les défenseurs de ces propriétaires cherchent à rendre leurs plaintes légitimes.

Prenez-garde, nous disent-ils d'un air solennel : les propriétaires fonciers ne sont pas seulement de grands producteurs, ils sont encore de grands consommateurs pour l'industrie; donc le vide que fera dans leur revenu le libre échange en produira un autre dans celui des manufacturiers ; en d'autres termes, le dommage qu'il fera éprouver aux premiers se répercutera forcément, dans une certaine proportion, sur les seconds.

Telle est l'objection.

Voici la réponse :

Sans nul doute, au point de vue privé des propriétaires fonciers et des industriels dont ils sont les clients, le mal que cette objection signale est très-réel ; mais il n'a qu'un tort, et ce tort est capital, c'est qu'au point de vue de l'intérêt général, ce mal devient un bien. Comment cela ?

Par une raison très-facile à comprendre, c'est que la propriété foncière n'a pas le monopole de la consommation industrielle, et qu'à côté d'elle toutes les autres classes de la société, en y comprenant bien entendu, comme j'en ai acquis le droit, celles des ouvriers et des fermiers agricoles, y prennent aussi une large place.

Or, comme il est impossible que le libre échange enlève, par exemple, *un million* à la poche des rentiers par la hausse du prix de cette denrée, et prive certains industriels du bénéfice qui résultait pour eux de la consommation de ce million par ces rentiers, sans qu'il ne fasse du même coup rester ce million dans la poche d'autres producteurs-consommateurs de blé, lesquels, à l'aide de ce million, seront en mesure de faire gagner à d'autres industriels par une consommation nouvelle *d'un million*, un bénéfice équivalent à celui qu'ont perdu les clients des rentiers ; il en résulte que *ce million*, dans l'un comme dans l'autre cas, soit qu'il reste aux mains des rentiers, soit qu'il aille dans celles des autres producteurs, — il n'y a pour lui que l'une ou l'autre issue possible, — *ce million*, dis-je, produit toujours, au point de vue du travail national, un gain pour les uns qui est neutralisé par une perte pour les autres : résultat neutre et indifférent au point de vue de l'intérêt général.

Mais est-ce là tout ?

Non. En effet, après avoir constaté que cette baisse du prix du blé n'avait causé, dans la mesure du *million* qui la représente, qu'un effet insignifiant sur la production générale, il me reste à faire observer qu'au point de vue de la consommation, cette baisse d'un million sur le prix du blé, au lieu de produire une perte pour les uns neutralisée par un gain pour les autres, se divise au contraire en une infinité de gains pour tout le monde. Si les rentiers en effet, après s'être considérés comme producteurs de blé, veulent bien ne pas oublier qu'ils sont consommateurs de pain, ils ne pourront s'empêcher de reconnaître que comme tels ils ont fait une certaine économie, laquelle, quelque minime qu'elle soit, n'en est pas moins une atténuation à leur perte. Ainsi en sera-t-il pour les industriels dont ils sont les clients, lesquels de la perte de bénéfice dont nous avons parlé doivent défalquer aussi l'économie que leur a procurée comme consommateurs la baisse du prix du blé.

Et comme toutes les autres classes de producteurs sont évidemment, nous l'avons vu, favorisées par cette baisse du prix du blé, je suis donc parfaitement fondé à dire qu'après avoir été neutre au point de vue de l'intérêt général dans la somme du travail national, elle devient au contraire complètement active et bienfaisante au point de vue de la consommation.

Permettez-moi, monsieur, en vous prenant pour exemple, de demander à la pratique la vérification de la théorie dont je viens de vous exposer la formule, théorie que Bastiat (1) appelle avec beaucoup de raison *une perte contre deux profits.*

Supposons que, par la baisse du prix du blé, vous ayez éprouvé un déficit de *mille* francs dans la rente que vous vous payez à vous-même comme votre fermier; supposons encore que vous soyez dans l'habitude de vendre aux petits propriétaires et aux artisans de votre localité tout le blé que vous récoltez? N'est-il pas évident, dans cette double hypothèse, que ce déficit dans votre revenu, lorsqu'il s'est produit, a donné lieu à un excédant semblable de *mille* francs dans celui de tous les petits propriétaires et artisans vos voisins. Admettons encore qu'en raison de cette perte de *mille* francs, vous renonciez, comme rentier, à acheter à votre maquignon un cheval que vous aviez en vue, et que de leur côté, les petits propriétaires et les artisans vos voisins aient converti leurs *mille* francs, partie en livrets de la caisse d'épargne et partie en souliers chez le cordonnier; n'est-il pas évident alors que votre perte comme rentier est compensée par les livrets et les souliers de vos acheteurs de blé, et que l'amoindrissement du bénéfice de votre maquignon est neutralisé par l'augmentation de ceux de la caisse d'épargne et du cordonnier réunis. Or, voilà bien réalisé l'effet neutre de la baisse du prix du blé.

Mais maintenant, si vous voulez bien prendre la peine, comme *rentier*, d'examiner votre livre de dépenses, vous reconnaîtrez infailliblement que la baisse du prix du blé, après vous avoir fait perdre *mille* francs, vous fait aussi gagner quelque chose comme consommateur de pain; et si, comme *fermier*, vous interrogez dans votre comptabilité l'article ouvert à la

(1) Tome II, édition Guillaumin, p. 377.

consommation du même objet, vous reconnaîtrez aussi que cette baisse de prix fait qu'il se solde en bénéfice.

Si votre maquignon en fait autant, il reconnaîtra de même sans peine que la perte que vous lui avez infligée en n'achetant pas un cheval, est en partie atténuée par une économie dans son compte de boulanger; et comme tous vos autres voisins, petits propriétaires ou artisans, ainsi que nous l'avons vu, gagnent sans aucune perte à cette baisse, il est de toute évidence qu'au point de vue de la consommation, elle a eu un rôle complètement actif et bienfaisant dans le canton de Segré.

En d'autres termes encore, si je m'établis président d'un grand plébiscite social, au scrutin duquel je soumette la question suivante : *Que les producteurs français qui ont, comme tels, souffert de la baisse du prix du blé déposent une boule noire, et que ceux de ces producteurs qui ont, comme tels, profité de cette baisse mettent une boule blanche, — chaque producteur ayant le droit de mettre un nombre de boules proportionnel à l'étendue de sa production* — et que je m'aperçoive au dépouillement que le nombre des boules de chaque couleur est égal, ne dois-je pas proclamer, comme résultat de ce scrutin : *La baisse du prix du blé a un résultat nul sur l'ensemble de la production nationale.*

Si maintenant, comme cela est nécessaire, je soumets au scrutin du même plébiscite la question suivante : *Que les consommateurs français qui ont souffert de la baisse du prix du blé se lèvent*, et que pas un de ces consommateurs ne bouge, comme nous venons de le voir, je n'aurai même pas besoin d'avoir recours à l'urne pour proclamer qu'à l'unanimité le résultat de cette baisse est déclaré favorable à la consommation.

S'il en est ainsi, monsieur, et je pense qu'il est impossible d'y trouver rien à redire, je croirais vous offenser, et, dans votre personne, la grande propriété foncière, dont vous êtes un membre éminent, si je ne vous laissais pas, sans plus d'insistance, le soin de tirer vous-même la conclusion de mes arguments et de reconnaître :

1° Que c'est à tort que la grande propriété foncière voudrait lier la cause des ouvriers et des fermiers à la sienne;

2° Que si le libre échange cause une baisse finale sur le prix du blé, cette baisse finale n'empêchera pas un hectolitre de blé de se produire par la culture française, et se fixera tout entière en une restriction de la rente foncière;

3° Et enfin que cette perte pour les propriétaires fonciers étant nécessaire à l'intérêt général, ceux-ci la subiront avec patriotisme.

Je passe maintenant à l'examen de l'influence que vous attribuez à tort à l'impôt foncier sur la production agricole.

L'impôt foncier doit-il être regardé comme une charge de la production agricole ?

(Alinéa III.)

Après ce que j'ai dit, Monsieur, je peux répondre non, et le prouver en deux mots :

L'incidence de l'impôt foncier se faisant tout entière sur la *rente* du propriétaire du sol au moment où cet impôt s'établit, et cette rente n'ayant aucune influence effective sur la production agricole, dont elle n'est qu'un agent moral, à côté du fermier et de l'ouvrier, qui en sont les agents réels, il est évident, alors, que cet impôt, ne pouvant se répercuter ni sur le salaire du premier, ni sur le profit du second, restera complètement inerte à l'égard de la production agricole.

Ceci dit : j'ai hâte, le cas échéant, ou cette preuve inattaquable vous paraîtrait néanmoins trop sommaire, j'ai hâte, dis-je, de céder la parole, non pas à un économiste qui vous serait suspect comme Ricardo, mais à un homme dont il vous sera difficile de récuser l'autorité en cette matière. Je veux parler de Mathieu de Dombasle qui, dans un des premiers volumes des *Annales de Roville*, a traité cette question *in extenso*, à l'occasion d'une discussion avec M. Marchal, député de la Meurthe; et si, comme je l'espère, après l'avoir lue, vous adhérez à cette vérité, vous aurez à regretter peut-être la trop grande complaisance que vous avez mise à copier les griefs de l'*Opinion nationale* sur les impôts fonciers qui grèvent la propriété du sol. Ces griefs, outre le tort théorique que je viens de signaler, ont encore — pourquoi ne le dirais-je pas — celui de blesser un peu la vérité ; car le gouvernement actuel ne me semble pas avoir mérité à cet égard plus de reproches qu'aucun de ceux qui l'ont précédé.

De tout temps, sous tous les gouvernements passés, et probablement aussi sous tous ceux que peut nous réserver l'avenir, la diminution de l'impôt, entre les mains de l'opposition, a été et sera, pour toutes les souffrances du corps social, ce qu'est, entre les mains de l'empirisme de nos places publiques, cette fiole d'élixir merveilleux capable de guérir tous les maux, et je crains que, sans le vouloir, vous vous soyez peut-être laissé trop entraîner sur cette pente, en vous abritant derrière la démocratie de l'*Opinion nationale* ; je le regrette; car si les espérances illusoires que tendent à faire naître dans les classes agricoles des diminutions impossibles d'impôt restent sans danger, parce qu'elles sont sans puissance, dans la plupart des bouches qui les propagent, il n'en saurait être ainsi quand elles émanent d'un homme comme vous, qui ne s'est placé au sommet de l'agriculture qu'après être descendu du sommet de la politique.

III

LA RÉFUTATION.

Les armes égales.

(Alinéa III.)

J'arrive à la réfutation en détail de vos différentes objections :

« Vous êtes prêt, dites-vous, à subir la concurrence qu'im-
« plique le libre échange, cette noble et généreuse pensée
« que vous acceptez, ce progrès légitime et naturel du temps. »
Ce duel légitime et nécessaire que la civilisation vous oblige de soutenir contre votre adversaire étranger, vous ne le déclinez pas ; seulement vous y mettez une toute petite et bien innocente condition, c'est qu'au préalable, vous soyez mis infailliblement en mesure, par l'État, de le tuer chaque ois qu'il voudra mettre le nez à la frontière.

Ou je me trompe étrangement, ou c'est bien là la traduction la plus stricte, la plus fidèle de la demande que vous faites au gouvernement d'*armes égales*, à l'aide de l'enquête du prix de revient de tous les produits agricoles étrangers à laquelle vous l'astreignez, afin que, par une diminution convenable de charges, il fasse que le prix de revient de tous ces produits ne soit pas plus élevé en France que nulle part ailleurs.

Si, à l'occasion de votre invocation à la diminution de l'impôt, empruntée à l'*Opinion nationale*, que j'ai trouvée d'un goût douteux, j'ai cru pouvoir me permettre de vous accuser d'une légère teinte d'empirisme, ici je ne puis m'empêcher de vous trouver la dupe d'une contradiction si flagrante, je dirais presque d'une gasconnade si naïve, que je m'en étonnerais vraiment si vous ne m'en donniez le secret par la comparaison, fausse en tous points, de la lutte militaire avec la lutte économique dont vous la faites suivre. Si le résultat de la guerre, en effet, vérifie toujours l'axiome de Montaigne : « *Perte pour l'un, profit pour l'autre* », il y a si longtemps, grâce à Dieu, que l'économie politique a victorieusement démontré le contraire, que je m'étonne de trouver sous votre plume, un sophisme si souvent démasqué.

Attaquez le libre échange carrément, à la charge de prouver que, dans ses rapports avec les produits agricoles, il est contraire à l'intérêt général, je le comprends ; et suis prêt à vous écouter ; mais, de grâce, après avoir confessé que c'est *une noble aspiration, un progrès naturel et légitime du temps*, comprenez que c'est précisément parce que les divers peuples ont été constitués par la Providence dans des conditions inégales de production pour certaines denrées, que l'intérêt général réclame le libre échange, en vertu duquel *le marché appartient de droit aux mieux armés*.

Vous eussiez évité cette étrange contradiction, si, après

avoir remarqué avec beaucoup de sens que le libre échange international avait été précédé par le libre échange interprovincial dont Turgot avait doté la France, vous vous fussiez demandé ce qu'il fût advenu de cette importante réforme si chaque province, avant de l'accepter et d'abaisser ses barrières, eût réclamé le bénéfice des *armes égales*, et celui de l'identité de prix *de revient des produits agricoles*. Je ne connais pas assez les rapports de production dans lesquels se trouve la province que vous habitez avec les provinces avoisinantes pour pouvoir, par un exemple tiré de l'Anjou, vous faire sentir l'impossibilité fatale à laquelle on eût abouti ; mais en me plaçant dans le plateau central et granitique de la France, où je réside, je n'ai pas de peine à reconnaître que si le Limousin et la Marche eussent attendu que le blé eût eu le même prix de revient chez eux que dans le Poitou et le Berry, ils en seraient encore à désirer la bienfaisante importation que ces dernières provinces leur permettent d'en faire chez eux.

Enfin, monsieur, puisque j'ai prononcé le nom de l'illustre et malheureux ministre réformateur que vous avez vous-même emprunté à la belle étude que M. de Larcy vient de publier sur lui, laissez-moi vous demander avec étonnement :

Comment, après avoir ainsi passé par Turgot, vous avez pu néanmoins retourner à Colbert ?

Comment, après avoir regretté avec M. de Larcy que l'infortuné Louis XVI eût trahi par une malheureuse faiblesse la cause de son fidèle et courageux ministre, et abandonné ainsi la planche de salut qui eût pu le sauver du naufrage dans lequel il devait sombrer bientôt, vous imputez à tort au gouvernement et à M. Rouher d'avoir repris, pour leur profit et pour leur gloire, l'accomplissement des desseins du célèbre intendant. Sans doute, il eût mieux valu que le libre échange, au lieu de naître sous la forme de traités internationaux, par la seule action du pouvoir exécutif, eût reçu à la tribune le baptême plus efficace d'une libre discussion parlementaire ; Dieu me garde de le contester. Mais faut-il, à cause de ce mieux éventuel, refuser un bien réalisé. Je regrette aussi — pourquoi ne le dirais-je pas — que vous n'ayez pas signalé à côté de cette tache originelle du libre échange plusieurs circonstances atténuantes capables d'en diminuer le vice.

En premier lieu : puisque l'échange international, loin d'être complètement libre, porte encore les empreintes, quoique très-affaiblies, des tarifs protecteurs, et que sous tous les gouvernements, le droit de modification des tarifs douaniers a toujours appartenu au pouvoir exécutif, pourquoi n'avoir pas dit qu'à ce point de vue, la légalité avait été sauvegardée ? — Une longue et minutieuse enquête dans laquelle ont été entendus M. Darblay et plusieurs autres coryphées de la protection *avait eu lieu*, pourquoi ne pas la mentionner ? Enfin, sous les deux monarchies, celle de 1815 et celle de 1830, la question du libre échange avait été aussi posée ; pourquoi n'en pas parler !

La première, subissant par Louis XVIII les idées anglaises, qui étaient alors toutes à la protection, et croyant que la prospérité de ce peuple tenait en grande partie, à l'extérieur, à l'action des douanes, et, à l'intérieur, à la constitution d'une riche aristocratie territoriale flanquée de main-morte et de priviléges, fit des tentatives malheureuses dans ces deux sens, par des lois sur le droit d'aînesse et sur les majorats, et aussi par des prohibitions et des protections douanières excessives. Ces tentatives contribuèrent à sa chute provoquée par la charte importée par Louis XVIII, importation excellente, si ce roi éclairé ne fût pas mort avant d'avoir pu apprendre à son malheureux successeur la manière de s'en servir, avant de lui avoir fait comprendre qu'il n'y a pas de gouvernement représentatif longtemps possible avec une opposition sans issue vers le pouvoir ; tout comme il n'y a pas de locomotive possible sans soupape de sûreté, et qu'il fallait, de toute nécessité, pour éviter les révolutions, que tour à tour le parti populaire se tempérât et s'assouplît par la rude école du pouvoir, et que le parti conservateur se popularisât et se retrempât à l'école non moins rude de l'opposition : en un mot, que la lutte entre les tories et les whigs devait lui servir de modèle.

Faute d'avoir compris cela, et de n'avoir pas voulu suivre les conseils de ses serviteurs, qui le comprenaient, comme Châteaubriand et tant d'autres, Charles X, avec les intentions les plus honorables, et malgré sa belle politique extérieure, qui avait doté la civilisation de la Grèce, et la France de l'Algérie, périt victime d'un abus de la charte par un excès de torysme.

Pourquoi n'avoir pas tiré de cet enseignement si douloureux du passé, la nécessité de pousser l'aristocratie française, encore dans l'ornière de la protection, sur les rails de la liberté commerciale ?

La monarchie bourgeoise de Louis-Philippe, dominée par les grands industriels, avait été dans l'impuissance radicale de tenter cette réforme, malgré le secours que lui aurait prêté M. Duchâtel, parfaitement en état, par ses convictions et son talent, de la faire aboutir, si cette entreprise ne lui eût été rendue impossible par M. Cunin-Gridaine, son collègue. — Pourquoi n'en avoir pas fait la remarque, singulièrement capable d'atténuer, en la motivant, l'initiative du gouvernement actuel ?

Ce fait providentiel si étrange qui, à un demi-siècle d'intervalle, a donné pour instrument à la liberté commerciale le descendant de celui qui en avait été l'ennemi le plus acharné, n'était-il pas de nature aussi à inspirer à votre plume chrétienne des réflexions utiles en faisant voir cette attention de la Providence à réparer, d'une façon si inattendue, par Napoléon III, à l'aide du libre échange, les maux incalculables que Napoléon Ier avait causés à la France par le blocus continental.

Vous êtes un des éleveurs les plus distingués des animaux perfectionnés de races étrangères, un des praticiens qui savent aussi profiter avec le plus d'intelligence des meilleurs instruments agricoles dont se servent nos voisins.

A ce titre n'eût-il pas été convenable, et dans tous les cas, très-courtois, de saluer en passant les efforts persévérants et intelligents faits par le dépositaire actuel du pouvoir exécutif, dans le but d'aider à cette double importation.

En reconnaissant franchement tous ces mérites à la conduite du gouvernement actuel dans la question si difficile du libre échange, le parti politique auquel nous appartenons, loin de s'affaiblir, donnerait au contraire une bien plus grande autorité à la dissidence qu'il a malheureusement le devoir de maintenir sur tant d'autres points capitaux. — L'impartialité et la bonne foi avec laquelle l'opposition sait, à l'occasion, accorder à ses adversaires tour à tour l'éloge ou le blâme, n'est-elle pas le véritable et le plus sûr thermomètre de sa force ?

Si, des reproches que vous faites à l'origine du libre échange, je passe à ceux que vous adressez à son introduction, — quel inconvénient y aurait-il eu à reconnaître qu'à côté de ces reproches, il était juste aussi de tenir compte de tout ce qui avait été fait d'utile ; à savoir : la prompte exécution d'un réseau très-agrandi de chemins de fer ; l'extension imprimée aussi, à plusieurs reprises, aux travaux non moins importants de la viabilité vicinale ; le remède apporté à la dette hypothécaire par le Crédit foncier ; — si cette institution, il est vrai, semble jusqu'ici plus utile à **M.** Hausmann qu'aux propriétaires fonciers, cela ne vient-il pas de leur faute et de leur ignorance.

Nécessité de la facilité de la main-d'œuvre.

Tout en maintenant, comme je l'ai fait, les justes reproches que mérite l'influence de l'exagération de la main-d'œuvre, provoquée par les travaux improductifs des grandes villes et surtout de Paris, il m'est impossible cependant, de ne pas penser que les plaintes que l'agriculture fait entendre à cet endroit ne soient exagérées, et pour dire toute ma pensée en peu de mots, je crois que ce sont moins les bras qui lui manquent, que les machines aux bras, les capitaux aux machines, et l'instruction agricole aux capitaux.— Je m'explique : — J'admets l'évidente élévation du prix du salaire des ouvriers agricoles, — ce qui, pour le dire en passant, met de prime abord cette nombreuse classe en dehors des souffrances que l'on accuse. — Mais ce que je n'admets pas, c'est que cette élévation du salaire de l'ouvrier implique nécessairement pour la production agricole, pas plus que pour la production industrielle, un accroissement de frais. Que faut-il en effet pour que cela n'ait pas lieu ? tout simplement que le travail de l'ouvrier, accru sous l'influence d'une augmentation de force musculaire résultant pour lui des meilleures conditions hygiéniques dans lesquelles il se trouve à l'égard de la nourriture, du vêtement, du logement, et surtout de la coopération des machines agricoles, qui commencent à faire leur avènement dans cette industrie ; que ce travail, dis-je, sous cette influence, produise, par rapport à son effet ancien, un excédant qui compense, et souvent surpasse, celui du salaire. Dans ces conditions, il est bien évident que l'industrie agricole, comme l'industrie manufacturière, tout en payant 4 francs, par hypothèse, l'ouvrier qu'elle payait 2 francs avant, ne s'en trouve pas moins affranchie considérablement des frais du *salariat*, si au lieu d'en représenter deux, l'ouvrier actuel, à l'aide de la machine, en représente 4, et souvent un nombre bien autrement considérable.

L'élévation progressive du salaire se manifestant en même temps que le bon marché du produit, c'est une loi consolante qui fait voir, que loin d'être antagoniques comme on l'a longtemps cru, l'intérêt de l'ouvrier, celui de l'entrepreneur d'industrie et celui du consommateur sont solidaires ; et que ces intérêts, à l'aide des machines, sont satisfaits en même temps par la création d'une production plus abondante dont ils peuvent retirer les uns et les autres une plus large part : cette loi, disons-nous, dont l'effet est évident dans l'industrie manufacturière, a déjà commencé à se manifester dans l'industrie agricole où elle s'accusera de plus en plus. Ce n'est donc que par l'effet d'une ignorance économique qu'on peut voir dans l'élévation du salaire une cause de souffrance pour la production : c'est le contraire qui a lieu, grâce à l'intervention des machines. Cela suffira, je pense, pour vous faire comprendre que j'avais raison de dire : c'est plutôt l'instruction agricole qui permette d'appliquer des capitaux aux machines et des machines aux bras des ouvriers qu'il faut demander pour l'agriculture, qu'une baisse de salaire.

Le libre échange est-il l'ennemi de l'abondance du blé ?

(Voir l'alinéa VII.)

Loin d'être en désaccord avec vous sur le mérite de l'abondance du blé, les économistes au contraire sont tout disposés à sanctionner la qualification par laquelle vous la caractérisez, quand vous dites avec un bonheur d'expression dont vous avez souvent le secret, *qu'elle est le point commun du bien-être de tous*. — Les oscillations du prix du blé, quand elles se manifestent en hausses provoquées par la disette, produisent dans la société de si terribles ravages, que c'est parce que la liberté commerciale paraît aux économistes le moyen le plus efficace d'atténuer ces maux, et d'obtenir la plus grande fixité possible dans le plus bas prix possible de ce précieux aliment, qu'ils attachent à cette liberté la plus grande importance ; et si quelques-uns d'entre eux, fatigués par vos doléances incessantes sur votre impossibilité prétendue de produire à un prix non rémunérateur, prenant trop au sérieux vos doléances, vous ont répondu : « *Faites autre chose que du blé* », en quoi cela, je vous le demande, peut-il vous autoriser à penser que cet avertissement conclut au renchérissement de cette denrée, puisqu'au contraire il est dicté par la seule pensée que vous ne pouvez pas le faire à aussi bon marché ! — Mais je ne puis quitter ce sujet sans m'étonner de trouver à son occasion une affirmation qui me paraît peu orthodoxe en science agricole : « *On n'est pas plus libre, dites-vous, de renverser les conditions d'un assolement que les règles de l'arithmétique.* » J'avais cru, jusqu'ici, qu'un des mérites de l'agriculture rationnelle actuelle était au contraire de savoir et de pouvoir au besoin renverser et changer les conditions des assolements, en même temps que changeaient et se renversaient les exigences de la production. Je croyais même que cette vérité ressortait avec évidence de cette infinité et de cette diversité d'assolements différents, depuis les vieux assolements biennal et triennal, jusqu'à ceux à période assez longue pour y faire entrer soit la pisciculture, soit la culture des pins, comme dans la *Sologne* en France, et dans la *Campine* en Belgique, et j'avoue qu'il ne me serait jamais venu à l'idée qu'on pût comparer, en quoi que ce soit, les règles d'un assolement à celles de l'arithmétique.

L'objection que vous tirez aussi de l'influence fâcheuse que l'absence de la paille aurait sur le repos du bœuf après le travail, dans cette hypothèse, me paraît un peu bizarre ; car comme l'absence de la paille coïnciderait avec la suppression des labours, il y aurait là pour le bœuf une cause de surcroît de repos de nature à compenser au moins le déficit causé par l'absence de litière.

Il est fâcheux que vos bœufs de travail et vos beaux *Durham* de rente ne soient pas doués de la parole dont a joui autrefois l'*âne de Balaam*, car vous auriez eu peut-être intérêt à leur soumettre la question, sur laquelle, du reste, il leur appartenait bien d'être consultés les premiers, comme les plus intéressés.

Mais j'ai hâte d'abandonner mes critiques sur ce sujet, car

je ne voudrais pas jouer le rôle de *Gros-Jean* en remontrant à *son curé*.

La disette peut-elle être plus avantageuse aux producteurs agricoles que l'abondance?

Sans retrancher rien des bons effets de l'abondance du blé, que les économistes proclameront toujours, permettez-moi cependant, Monsieur, ici encore, de contredire le jugement absolu que vous rendez sur cette question, et l'exemple que vous citez bien à tort, à mon sens, lequel suppose qu'un déficit de 50 p. 0/0 dans la production du blé ne provoque dans son prix vénal qu'une augmentation de 5 : 3.

Ce qui se passe aujourd'hui sur les marchés publics aurait dû, ce me semble, vous faire hésiter à prendre un tel exemple : car, tandis que les mercuriales attestent sur le nouveau prix de l'hectolitre du froment, qui s'est élevé de 15 à 22 francs, une hausse qui dépasse la moitié de l'ancien, les renseignements de la statistique sont loin d'accuser un déficit de moitié dans sa production. J'ajoute même qu'un déficit de cette étendue comme vous le supposez dans votre exemple, conduirait aux prix de disette, par l'impossibilité du transport à cause du tonnage qu'il représente, en ayant égard aux interruptions de navigation de la Baltique et de la mer Noire : Souvenez-vous de ce qui s'est passé il y a peu d'années pour le transport d'un simple déficit de 18 à 20 millions d'hectolitres, et pensez à ce que produirait un déficit de 40 à 50 millions.

Le libre échange fait-il courir à la France un danger résultant d'une guerre maritime coïncidant avec la disette?

(Voir l'alinéa VIII.)

Si, comme je l'espère, j'ai démontré qu'en aucun cas le libre échange ne peut pousser à la disette en diminuant la production indigène du blé, j'ai répondu par là même à cette objection, et le danger réel auquel une guerre maritime pourrait exposer la France, comme tout autre pays, si elle coïncidait avec la nécessité de chercher à l'étranger un supplément de blé, ne pourrait donc en aucun cas lui être justement imputé.

Ce danger auquel vous croyez que l'Angleterre échapperait, parce que, dites-vous, *sa flotte est son véritable sol*, me paraît tout aussi sérieux pour elle que pour tout autre, car, sans contester ici sa supériorité maritime, il n'en est pas moins vrai que si l'éventualité de la coalition des marines, que vous imaginez contre nous, se réalisait contre l'Angleterre; que si même les États-Unis seuls se trouvaient engagés dans une lutte contre elle, ce sol dont vous parlez pourrait bien courir quelques risques de ne pas porter d'épis.

Mais en cette matière, ce qui conjure ce danger, c'est l'abolition de la *course*, c'est le respect de plus en plus général attaché au pavillon des *neutres*, lequel pourra alors se charger sans danger du commerce international en souffrance.

Peut-on raisonnablement faire un reproche au gouvernement de l'étendue du questionnaire ?

Que le gouvernement, convaincu que les plaintes de l'agriculture ne tenaient qu'à la diminution un peu brusque des bénéfices de quelques fermiers dans certaines contrées, sans déserter l'enquête sur l'influence du libre échange sur le prix du blé, ait cherché à la généraliser en la provoquant sur toutes les questions qui, de près ou de loin, ont trait à la production agricole, en la considérant non-seulement au point de vue du présent, mais encore à celui d'un passé de dix ou trente ans, je dis que c'était plus que son droit : son devoir. En toutes choses, le présent ne peut que s'instruire utilement aux enseignements qui résultent de l'expérience du passé.

Qui pourrait blâmer le médecin consciencieux et intelligent qui, non content de circonscrire son auscultation sur le point dont se plaint le malade, ne craint pas de la porter avec la plus grande attention sur tout l'ensemble de l'organisme, et qui, tout en recueillant avec soin les symptômes de la douleur présente, ne juge pas inutile de s'enquérir près de lui de tous les phénomènes hygiéniques auxquels a pu donner lieu sa santé dans le passé.

Pour mon compte, je ne vois qu'une catégorie de malades qui puisse s'en plaindre, et vous l'avez déjà deviné, monsieur, c'est celle des malades imaginaires.

Ne vous est-il pas arrivé, d'être témoin de l'embarras vraiment extrême dans lequel se trouvent quelquefois les disciples d'Hippocrate, réunis en consultation, et lancés, par certaines grandes dames vaporeuses, ou certains maniaques nerveux, à la recherche d'une maladie que ne révèle chez eux ni le pouls, ni la langue, ni les poumons, ni enfin aucun des organes nobles ou inférieurs qu'ils ont coutume d'interroger ; embarras qu'augmente encore l'impatience de leurs clients.

L'agriculture, sur son lit de douleur, voudrait-elle figurer dans cette classe peu intéressante de malades? — Dieu me garde de lui en prêter l'intention. — Rien n'est sincère comme un malade imaginaire. Mais, en vérité, à l'impatience avec laquelle elle semble se prêter à toutes les auscultations des commissaires, et à quelques autres symptômes, on serait tenté de le croire.

Ces symptômes, je les trouve dans l'absence complète, chez elle, de tout signe évident de maladie réelle.

Oui, de maladie réelle; car cette maladie, si elle existe, elle est, ou chez l'ouvrier, ou chez le fermier, ou chez le propriétaire foncier. Or, si je frappe à la porte de la chaumière, et que j'y trouve l'ouvrier, grâce à un salaire doublé, mieux nourri, mieux logé, mieux vêtu, et à même d'envoyer son fils à l'école, je n'ai pas même besoin d'entrer pour dire : le mal n'est pas là. Si je vais à la ferme, et que j'y trouve un fermier qui gagne moins peut-être qu'il y a quelques années, mais assez encore pour pouvoir surenchérir son bail qui va finir, et songer à faire de son fils un avocat ou un médecin, sans entrer encore, je suis sûr que le mal n'est pas là. Enfin, si je me rends au château, et qu'à la place de l'*aurea mediocritas* d'autrefois je rencontre les symptômes d'un confort créé par une rente doublée au minimum, et quelquefois quadruplée depuis vingt ans, je détourne la tête et n'éprouverais aucun besoin d'entrer, si ce n'était l'attrait d'une hospitalité cordiale et charmante.

J'entre donc, et quel n'est pas mon étonnement, quand, après avoir partagé un splendide repas, d'entendre mon châtelain gémir, et de très-bonne foi, entre la poire et le fromage, sur les souffrances de l'agriculture. Puis, en le quittant, si je franchis le seuil de la ferme et de la chaumière, les mêmes doléances me causent le même étonnement. Mais, ai-je besoin de le dire ? à la chaumière, à la ferme comme au château, en éveillant ma surprise, ces plaintes n'éveillent pas ma sympathie, et je ne puis m'empêcher de m'écrier : Singulières souffrances, dont le retentissement est partout et le siége nulle part !

Pour dire toute ma pensée, je crois que l'agriculture a toujours été disposée, de bonne foi, à se croire victime de souffrances imaginaires, et, comme jusqu'à présent on ne s'occupait pas d'elle, ce silence opposé à ses plaintes ne faisait que les activer ; mais aujourd'hui qu'on les prend au sérieux, elle me semble commencer à comprendre qu'en provoquant l'enquête, elle a fait, comme on dit vulgairement, un *pas de clerc.*

En effet, le contact de la médecine avec les malades imaginaires n'est pas quelquefois sans danger — il y a toujours péril à combattre, par des remèdes, des maux qui n'existent pas. — Certes, il est arrivé plus d'une fois, qu'en désespoir de cause, le médecin a employé sa lancette sur un malade qui n'avait pas besoin d'être débilité. — Que dirait l'agriculture, si le gouvernement, bien plus en quête de l'impôt que le médecin ne l'est du remède, tout étonné de trouver chez son auguste malade un robuste embonpoint, au lieu de l'exténuation qu'il redoutait, ne prît fantaisie de lui appliquer une légère saignée, dans la crainte d'une pléthore possible ? — J'aime à croire que ce funeste remède ne lui sera pas administré par l'Etat. J'aime à croire qu'une semblable leçon n'est pas réservée à son étourderie. Mais il n'en est pas moins vrai qu'il eût été peut-être plus sage d'éviter au fisc, toujours affamé, le danger d'une tentation de gourmandise, et à elle celui du ridicule auquel aboutit tout avortement :

Qu'en sort-il souvent?
Du vent.

Que l'agriculture française cesse donc de se plaindre et, à tout propos, de se cramponner à l'Etat comme un enfant malade et chagrin à la robe de sa mère. — Le temps de l'enfance est passé pour elle; l'heure de son émancipation est arrivée. Qu'elle s'affranchisse de la tutelle toujours si onéreuse du gouvernement. Qu'elle prenne carrément en main le soin de ses affaires, et qu'au lieu de rechercher la santé dans les remèdes de la protection, elle ne demande à l'Etat que la seule chose qu'il *doive* à tout le monde, le seul remède efficace pour tous les maux sociaux : je veux dire la liberté dans la sécurité!

IV

MES DÉSIRS

1° Je désire avant tout qu'à l'aide de la décentralisation, heureuse quoique trop restreinte, de la nouvelle loi sur les conseils généraux et municipaux, l'agriculture pousse à l'achèvement le plus rapide possible des chemins de grande, moyenne et petite vicinalité, afin que bientôt en France pas un village ne soit relié à son chef-lieu de commune, pas une commune à son chef-lieu de canton, pas un canton à son département. Les travaux de cette nature étant d'une productivité telle, qu'il est permis de dire de tout emprunt ou de tout impôt qui s'y applique que c'est le meilleur des placements ; je voudrais, en vue de ces travaux, que M. Béhic, prenant à M. Hausmann un peu de ce sang bouillant qui le pousse à la reconstruction improductive de Paris, pût l'infiltrer dans les veines de tous nos préfets, conseillers généraux et municipaux.

2° La peste bovine dont viennent d'être frappées la Belgique, la Hollande et surtout l'Angleterre, ayant révélé la menace d'un danger terrible pour notre agriculture, tout en approuvant complètement dans le présent la loi récente qui oblige, moyennant indemnité, le propriétaire à abattre l'animal atteint, je voudrais, pour l'avenir, qu'on examinât s'il ne serait pas possible de faire tenir dans chaque commune un registre des naissances et des morts *accidentelles* des animaux domestiques, afin qu'à l'aide des tables de mortalité qui en résulteraient, on pût, par des assurances sur leur vie, créer un moyen de conjurer ce danger en supprimant toute dépense de la part du gouvernement et diminuant celles imposées à la propriété aux jours de l'épizootie. Ces assurances, avec celles sur la vie, contre l'incendie et la grêle, donneraient aux cultivateurs prévoyants le moyen de s'affranchir de tous les fléaux de force majeure.

3° Si au lieu de demander l'exonération au moment du tirage, l'État la convertissait en une assurance faite par le père de famille sur la vie de son fils à sa naissance, exigible à vingt ans, il y aurait là, je crois aussi, pour lui, le moyen de former une dotation bien autrement considérable que celle qu'il se procure aujourd'hui, et à l'aide de laquelle, par une solde élevée, en diminuant le nombre des conscrits arrachés aux campagnes, il ferait figurer dans une large place le volontaire libre qui doit être infailliblement le soldat rétribué de l'avenir ; soldat qui sera à celui d'aujourd'hui ce que le nouveau fusil à aiguille est au vieux fusil à pierre.

4° La recherche constante et assidue du recouvrement économique des impôts, le plus grand abaissement possible de ceux de consommation et d'octroi, sont aussi des vœux sur lesquels j'aurais voulu qu'on insistât.

5° Je voudrais qu'on eût demandé une extension de plus en plus grande de l'enseignement de l'économie politique dans les colléges, afin que pas un jeune bachelier, dût-il savoir un peu moins de grec et de latin, n'ignorât pas, comme aujourd'hui, ce que c'est que la *rente du sol*, ce qui peut devenir un danger social.

6° Je voudrais que la propriété foncière acquît, par son adhésion complète au libre échange, le droit de demander avec la plus grande insistance l'abolition de tous les tarifs protecteurs de l'industrie qui existent encore.

7° J'aurais voulu aussi, dussé-je exciter par mon vœu le sourire de plus d'un lecteur, encourager les utiles efforts que le gouvernement fait aujourd'hui, en cherchant, par la liberté de *l'hippophagie*, à détruire le préjugé qui s'oppose encore en France à la consommation de la viande de cheval. — Cette consommation, une fois admise et généralisée, aurait sur la production agricole des résultats considérables sur lesquels on ne réfléchit pas assez, et, en tout cas, pour vous, monsieur, celui de favoriser le repos du bœuf dans une mesure certainement plus grande que l'absence de paille dont vous avez parlé ne lui serait nuisible.

Tel est à peu près l'ensemble des vœux que j'aurais voulu ajouter à ceux que vous avez formulés vous-même.

V

MES CONSEILS

J'ai loué, j'ai blâmé, j'ai désiré ; il me reste à conseiller en terminant.

Je conseille à l'aristocratie territoriale, dont le patriotisme et l'intelligence ont définitivement et loyalement adhéré à toutes nos libertés : liberté religieuse, liberté de la pensée, liberté de la presse, liberté de la tribune, et, pour tout dire, en un mot, à la liberté de tous les grands intérêts sociaux ; je conseille, dis-je, à ce parti, et particulièrement aux grands propriétaires fonciers qu'il compte dans son sein, de ne pas frapper d'*ostracisme* la liberté commerciale ; je la supplie, au contraire, de lui accorder dans ses journaux une place et un culte à côté de ceux qu'elle a accordés aux premiers.

Qu'on brave l'impopularité par devoir ou par intérêt, cela se conçoit ; mais qu'on se l'attire par ignorance et en s'appauvrissant, cela confond la raison.

La France, je le répète, a été, et restera toujours faite pour produire, en moyenne, plus de blé qu'il ne lui en faut ; donc la propriété territoriale a un véritable intérêt à ce que rien n'empêche son exportation par le libre échange. — La propriété foncière est un grand consommateur d'objets industriels, dont le libre échange tend perpétuellement à rabaisser le prix par leur importation ; — donc, elle a le plus grand intérêt à ce que rien n'empêche cette importation : grâce au libre échange, elle vendra plus cher ses produits, et achètera meilleur marché ceux des autres.

En vérité, que lui faudra-t-il de plus pour mériter son adhésion?

Que l'aristocratie anglaise, placée dans des conditions bien différentes, nous l'avons vu, se soit révoltée avant de comprendre qu'il y allait de son honneur, de son devoir et même de son intérêt, de laisser briser par la main de son illustre chef Robert Peel, un si précieux instrument de monopole qu'elle avait si longtemps adoré! quoi de plus naturel? Mais que l'aristocratie française, qui, Dieu merci, n'a aucun monopole à immoler, fulmine contre une liberté qui lui ouvre de si magnifiques perspectives; quoi de plus incompréhensible?

A ce spectacle, en voyant ainsi chez nous les classes élevées, toujours si peu promptes, je ne dis pas à devancer, mais seulement à suivre ce mouvement rapide qui, chez tous les peuples, de tous temps, et plus aujourd'hui que jamais, prend le nom terrible de Révolution quand on lui refuse celui de Réforme, l'esprit du penseur se sent attristé malgré lui!

Hélas! faudra-t-il donc que sur les blasons glorieux de l'aristocratie française, si brave, si généreuse sur les champs de bataille, à côté des nobles devises qu'elle y inscrit avec un légitime orgueil, il reste toujours une place où le destin puisse graver ce fatal exergue que j'ai pris pour épigraphe.

Quos vult perdere Jupiter, dementat.

Quand on veut savoir, comment, avec un si beau lot dans le présent, et de si magnifiques perspectives dans l'avenir, les propriétaires importants du sol font retentir cependant tant de doléances sur leurs misères, et présentent, en effet, souvent le spectacle d'une grande détresse, on s'aperçoit avec regret, il faut bien le dire, que la cause de cette anomalie est produite chez les uns par la vanité enfantant la paresse ; beaucoup de propriétaires qui ne le peuvent pas, s'essayent néanmoins à vivre de leurs rentes, et parmi ceux qui semblent le pouvoir, combien n'en est-t-il pas que les ravages du luxe, ce compagnon fidèle de l'oisiveté, font retomber bien vite dans la misère !

Aux premiers, je conseille de ne pas craindre de rester les propres fermiers de leur terre, et de tâcher, par leur exemple, d'avoir le bonheur qu'un de leurs enfants, non-seulement ne laisse pas dépérir leur patrimoine, mais encore sache le rendre de plus en plus productif.

Cela n'empêchera pas les fonctions libérales de se recruter largement dans la bourgeoisie française ; mais à côté des élèves des écoles polytechnique, de Saint-Cyr, de médecine, de droit, etc., au lieu de rencontrer comme aujourd'hui tant de planteurs de choux ignorants et improductifs, on trouvera plus d'élèves de Grignon et de Grand-Jouan instruits et producteurs.

Le conseil que j'ai à donner aux seconds, vous me le rendez, Monsieur, bien facile, car je ne saurais mieux le formuler qu'en leur disant de vous imiter, chacun dans la sphère de sa position et de ses aptitudes : s'il n'est pas donné à tout gentilhomme de quitter le ministère pour aller à la charrue, il lui est bien permis, au moins, de ne pas quitter la charrue pour le *Sport et l'Opéra*. Quels que soient les services que vous soyez appelé à rendre à votre pays,— quoiqu'ils aient été grands dans le passé, ils peuvent être plus grands encore dans l'avenir — je ne crains pas néanmoins de dire qu'ils ne dépasseront jamais, sinon en éclat, du moins en utilité, celui que vous lui rendez aujourd'hui en protestant par votre exemple contre l'*absentéisme*, ce terrible fléau de l'aristocratie territoriale : fléau qui, à tous les autres dangers que vous connaissez aussi bien que moi, joint celui d'étaler hideusement et de rendre plus saisissante encore la plaie de la *rente*, suivant l'énergique expression de votre éminent collègue de l'Institut, M. Léonce de Lavergne.

Si l'homme déchu a été condamné, comme on n'en peut douter, à manger son pain à la sueur de son front, l'appropriation du sol limité, il ne faut pas l'oublier, est un des instruments à l'aide duquel s'exécute ce supplice de l'humanité, et le rentier en est le propriétaire. Or, s'il serait souverainement injuste de le rendre responsable d'un châtiment qui ne vient pas de lui et auquel il participe lui-même dans une certaine mesure, il serait aussi souverainement dangereux qu'il pût être accusé de profiter de sa qualité de propriétaire pour chercher à augmenter la sueur du peuple en ménageant la sienne, comme le faisait, en toute réalité, l'aristocratie territoriale anglaise, avant la réforme provoquée par Cobden.

Enfin, monsieur, qu'il me soit permis, en terminant cette réponse, de vous donner à vous-même un conseil que m'inspire l'intérêt sincère que je porte à votre avenir d'homme d'État et à votre véritable renommée. Puisque l'Académie française vous a appelé à l'honneur bien mérité d'occuper un de ses fauteuils, de grâce, quand, dans vos loisirs agricoles, il vous sera possible de hanter le palais Mazarin, trompez-vous quelquefois de porte, et au lieu d'aller à la salle de l'Académie française, entrez dans celle où siége l'économie politique, sans vous laisser effrayer par sa *prose peu divertissante*, suivant le reproche de M. Thiers, reproche

célèbre dont, j'en ai bien peur, cette lettre ne sera pour vous, comme pour ceux qui lui feront l'honneur de la lire qu'une trop longue justification.

Recevez-en, Monsieur, toutes mes excuses, avec l'expression de ma sincère considération.

P. DE LÉOBARDY.

Château de Soudannes, Bourganeuf (Creuse).
Le 1er décembre 1866.

Mon cher Ami,

Vous me demandez mon sentiment personnel sur la brochure que vous venez d'écrire en réponse au remarquable article que M. le comte de Falloux a publié dans le tome 33e du *Correspondant*.

Avant de vous exprimer mon opinion en toute humilité, mais aussi en toute franchise, permettez-moi de vous dire que je trouve dans votre œuvre, où l'esprit le dispute à la science, comme dans celle de votre illustre contradicteur, la consécration d'une vérité dès longtemps observée par moi et qui m'a fourni le sujet d'une étude pouvant être publiée sous ce titre :

De l'heureuse influence exercée sur les progrès de l'agriculture française par les révolutions publiques.

Au lendemain de 1830, vous sortiez de l'école polytechnique et vous vous êtes voué aux choses agricoles.

Le vainqueur des ateliers nationaux, le vaincu de 1851 n'est-il pas devenu un vainqueur des concours de Poissy ?

Oui, c'est un grand bienfait pour l'agriculture de notre

temps, au nom de laquelle on réclame sans cesse des bras, et qui manque surtout de têtes, que d'avoir recueilli comme épaves des révolutions politiques, des hommes qui avaient non-seulement affirmé de grandes intelligences; mais qui, en se résignant à la retraite, ont souvent aussi affirmé de grands caractères.

J'ai sur la question relative aux détresses de l'agriculture des opinions qui ne sont ni toutes les vôtres, ni celles de M. le comte de Falloux. D'abord, comme vous, je ne crois pas à la crise qui a provoqué l'enquête.

La production agricole, comme vous le dites avec raison, procède de trois agents : le *propriétaire*, le *fermier* et l'*ouvrier*. De ces trois agents, deux, à coup sûr, n'ont pas le droit de se plaindre :

1° Le *propriétaire*, dont les revenus s'accroissent sans cesse à chaque renouvellement du bail ;

2° L'*ouvrier* des champs, dont le salaire suit une progression constante.

Il ne reste que le *fermier* qui, ayant à payer pour le sol qu'il exploite un revenu fixé d'avance à forfait, et devant donner aux agents qu'il emploie un salaire obligatoire, peut être amené à ne pas trouver dans la vente de ses produits la légitime compensation de ses charges et la juste rémunération de son industrie.

Celui-là est un spéculateur exposé aux pertes ou aux profits du rôle qu'il a accepté, suivant qu'il sera armé de plus ou de moins de crédit, qu'il aura un outillage plus ou moins perfectionné, un cheptel plus ou moins complet, qu'il sera plus ou moins intelligent, économe, laborieux, habile dans le choix de ses assolements, dans l'administration de son domaine.

A celui-là, on a le droit de dire : Vous vous plaignez de l'élévation la main-d'œuvre, mais c'est vous plaindre du niveau du bien-être général s'élevant sans cesse; c'est vous plaindre de l'accroissement du nombre des consommateurs des matières premières que vous produisez vous-même, ou des matières fabriquées que produit l'industrie nationale.

Faites que le bras qui maniait hier un instrument arriéré, manie aujourd'hui une machine qui en décuplera la force, et le contingent du travail que vous aurez obtenu vous aura coûté moins cher que le prix payé à des époques que vous paraissez regretter.

Agissez comme le filateur intelligent, qui a bien dû augmenter beaucoup le salaire de son ouvrier, conduisant autrefois un banc à broches de 150 broches, mais qui, sans lui imposer plus de labeur, lui fait conduire aujourd'hui un banc à broches de mille broches.

Imitez le fabricant de tissus, qui a substitué l'ingénieux métier-mécanique au vieux métier à bras du tisserand.

Un duel général est engagé sur tous les marchés; sachez l'accepter courageusement; mais en entrant dans la lutte, vous avez le droit de dire à l'État :

« Vous avez créé une législation qui fait abonder en France des produits étrangers affranchis de toute redevance à la production nationale.

« Vous avez créé dans le pays des chemins de fer qui, grâce à certains jeux de tarifs, peuvent faire affluer les blés des contrées calcaires les plus favorisées, sur les plateaux schisteux ou granitiques les moins propres à la culture des céréales. Prêts récents de quarante millions à l'outillage industriel, suppression de droits de canaux; vous avez tout fait pour seconder l'essor manufacturier; vous nous donnez à nous, agriculteurs de certaines régions, des rivaux sûrs de toutes les victoires dans toutes les batailles engagées contre nous. Nous ne sommes que des archers, vous nous mettez en présence de canons rayés.

« Donnez-nous au moins des institutions de crédit qui nous permettent de changer notre outillage; donnez-nous des routes vicinales qui ne nous condamnent plus à tuer nos bœufs, à ne pouvoir opérer que des chargements d'une demi-tonne quand il devrait être facile de leur faire transporter sans fatigues plus de deux tonnes.

« Modifiez la loi de recrutement qui nous enlève nos bras les plus valides.

« Faites dans l'enseignement public une place plus large aux sciences dont la vulgarisation importe à la propagande des bonnes méthodes.

« Donnez à l'agriculture des représentants qui, nés de sa confiance, auront sur elle, une influence bienfaisante. »

Voilà, mon cher ami, ce que je voudrais dire aux fermiers et faire dire à l'Etat.

Quand je dis *fermiers*, il serait plus rationnel de dire *agriculteurs*, car la plupart du temps en France, la même personne confond en elle la qualité de propriétaire et celle d'exploitant.

Le détenteur du sol n'inspire à personne plus de sollicitude qu'à nous. La propriété représente les conquêtes du travail, de l'intelligence, de l'économie. Quant, au lieu de se formuler dans une usine, une maison, un titre de rentes, elle se formule dans le sol, elle affecte la forme la plus respectable, celle qu'il faut le plus encourager dans un pays bien gouverné.

Un grand concours de capitaux vers les placements ruraux, c'est la preuve la plus éloquente d'une grande prospérité publique, car là où se trouvent des capitaux se contentant d'une rémunération modeste, là se trouveront toujours aussi des fonds disponibles pour les produits élevés que comportent les travaux de l'industrie.

M. de Falloux et vous avez fait de la politique, je vous en félicite l'un et l'autre, car cela n'est pas la partie la moins intéressante de votre intéressant travail; mais je crois que, dans certaines questions, il serait peut-être bon d'éviter ce qui est de nature à passionner : l'éloge et le blâme.

Oui, mon cher ami, comme vous l'avez dit fort spirituellement, l'agriculture est un peu une malade imaginaire, à laquelle le gouvernement a voulu faire 161 auscultations.

Qu'en résultera-t-il?

Beaucoup de rapports, beaucoup de discours, beaucoup de remèdes contradictoires, si bien qu'on n'en appliquera aucun, et que l'agriculture suivra néanmoins sa marche ascensionnelle dans les voies du progrès. Quand elle aura réalisé le vœu du bon roi Henri, elle n'aura pas encore fini, elle devra chercher et trouver des truffes pour la célèbre poule au pot.

Recevez l'assurance nouvelle de ma vieille affection.

L. DE JOUVENEL.
Ancien député.

Paris, Imprimerie de H. Carion, rue Bonaparte, 64.

www.ingramcontent.com/pod-product-compliance
Ingram Content Group UK Ltd.
Pitfield, Milton Keynes, MK11 3LW, UK
UKHW021019200726
13857UKWH00004B/1491

9 782012 394438